U0358990

MathStart®
洛克数学启蒙④

自行车环行赛

[美]斯图尔特·J. 墨菲 文 [美]迈克·里德 图 易若是 译

献给加里·法琴特——他脑袋里总是有很多好主意在打转。

——斯图尔特·J. 墨菲

献给简、亚历克斯和乔。

——迈克·里德

著作权合同登记号：图字 13-2023-038号

图书在版编目（CIP）数据

洛克数学启蒙. 4. 自行车环行赛 / (美) 斯图尔特·J.墨菲文；(美) 迈克·里德图；易若是译. -- 福州：福建少年儿童出版社，2023.9
ISBN 978-7-5395-8247-4

Ⅰ. ①洛… Ⅱ. ①斯… ②迈… ③易… Ⅲ. ①数学－儿童读物 Ⅳ. ①O1-49

中国国家版本馆CIP数据核字(2023)第074657号

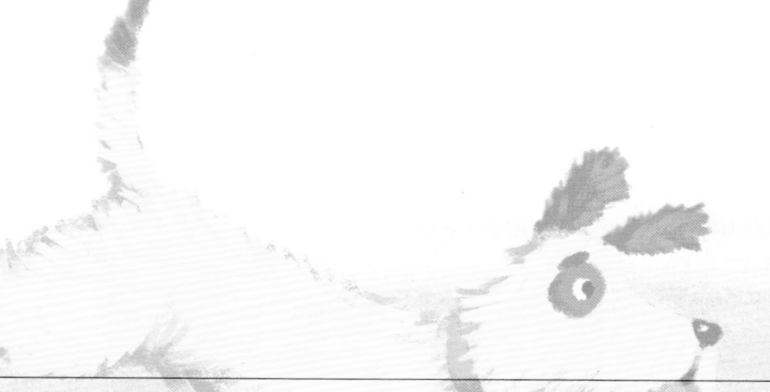

LUOKE SHUXUE QIMENG 4 · ZIXINGCHE HUANXINGSAI
洛克数学启蒙4·自行车环行赛

著　　者：[美]斯图尔特·J. 墨菲　文　[美]迈克·里德　图　易若是　译
出 版 人：陈远　出版发行：福建少年儿童出版社　http://www.fjcp.com　e-mail:fcph@fjcp.com　社址：福州市东水路 76 号 17 层（邮编：350001）
选题策划：洛克博克　责任编辑：邓涛　助理编辑：陈若芸　特约编辑：刘丹亭　美术设计：翠翠　电话：010-53606116（发行部）　印刷：北京利丰雅高长城印刷有限公司
开　　本：889 毫米 ×1092 毫米　1/16　印张：2.5　版次：2023 年 9 月第 1 版　印次：2023 年 9 月第 1 次印刷　ISBN 978-7-5395-8247-4　定价：24.80 元

自行车环行赛

年度15千米
自行车比赛
骑完全程即
可获得奖牌

“这个比赛我已经参加过两次了，”贾斯廷得意地说，“这是一条环形赛道，需要绕着公园骑一圈。赢得今年这场比赛的话，我就有3枚奖牌了。”

“好吧，我今年也要参加比赛！”玛丽萨说，“我参加过10英里（约16千米）骑行赛，这次的距离还短一些呢。”

“我也想试试。”他们的弟弟迈克说道。

就连小狗宾果看上去都很想参赛呢！

“你是不可能骑完全程的。”贾斯廷大笑着说道。

“你还是等几年再参加吧！”玛丽萨补充道。

“不行。”迈克坚定地说道，“我可以的。昨天我还绕着运动场骑了一圈呢！我敢说，那距离就跟这次比赛一样远！”

“你确定？”贾斯廷说，“还记得我过生日时收到的计程器吗？它能准确测量出距离。我们来测测看你能骑多远吧。”

年度15千米
自行车比赛
骑完全程即
可获得奖牌

迈克从运动场的拐角处出发，沿着运动场的第一条边往前骑，计程器显示骑行距离为1千米。接着，他开始沿着与第一条边相交的另一条边往前骑，骑完后，计程器的测量结果是3千米。也就是说，运动场第二条边的长度为2千米。第三条边的长度仍是1千米，沿着这条边骑完，计程器显示的测量结果为4千米。

最后一条边的长度也是2千米。

“看，你已经骑完全程啦！这个运动场的周长只有6千米。”贾斯廷说。

“那还不到15千米的一半呢！”玛丽萨说。

但是迈克没有放弃。第二天，贾斯廷和玛丽萨出门后，迈克让爸爸在他的报名表上签字。

“我要参加比赛！”等哥哥和姐姐回来后，他大声宣布，“今天我绕着动物园骑了整整一圈，我敢说那距离差不多有15千米了。”

“不可能。”玛丽萨说。

“我明天测测看。”贾斯廷说。

2
1
3
动物园
1
终点
入口处
起点
2
1

第二天早上，贾斯廷骑自行车去了动物园。他把计程器上的数字调到0后，便沿着动物园入口所在的那条街出发了。当他骑到猴馆时，计程器显示的测量结果是2千米。从猴馆到海豹馆的距离是1千米。因为到达海豹馆时，计程器显示的测量结果是3千米。狮子山在海豹馆前方1千米处。等贾斯廷骑到狮子山时，他总共骑了4千米。

继续向前骑了2千米后，贾斯廷到达鸟舍。现在计程器上显示的测量结果是6千米。他又骑了3千米，便回到了入口处。

玛丽萨、迈克和小狗宾果都在那儿等着他呢！

“总共有多远？”迈克大声问他。

“只有9千米。”贾斯廷回答。

“离15千米还差不少呢。”玛丽萨说道。

起点

比赛的日子终于到了。贾斯廷、玛丽萨和迈克都来到了起点处。

“迈克，你就在这儿等我们吧！”玛丽萨说。

但是，当贾斯廷和玛丽萨去排队的时候，迈克急忙赶到报名处，把家长签字的同意书交给了工作人员。

“这场比赛的骑行距离很长，”工作人员说，“你确定你能骑完全程吗？”

“是的，”迈克回答道，“我确定！”

迈克排在队伍的最后。贾斯廷和玛丽萨没有看到他。

“宾果，你在这儿等我！”迈克说。

“赛车手们，各就各位！”一个男人举着扩音器喊道，“预备！出发！”

所有的自行车都飞速冲了出去。

在第一段直道上，迈克一直紧跟在大部队后面。

“这太简单了！”迈克欢呼道。

接着他开始爬小山坡了。他用力蹬着脚踏板，很快就到达了山顶。

迈克沿着下坡道快速滑行到山脚，看到了路边的里程牌。

“太棒了！”迈克兴奋地喊道，“我一定能成功的！”

但是当他转过弯后，发现前面是一段又长又陡的上坡路。他用力往上骑，往上骑，往上骑……

“看来我永远也到不了山顶了！”迈克沮丧地想。

迈克的视线范围内只有两三个赛车手，他被落在最后了。

终于，迈克骑上了山顶。他实在骑不动了，只得停下来休息几分钟。但是他坚决不放弃。

前方是一段平坦的大道。迈克使出全身的力气，使劲蹬着脚踏板。他看到前面不远处有一块标着12千米的里程牌。

“快到终点了！”迈克累得气喘吁吁。

忽然，他的车轮轧到了一块石头。迈克的身子往前一倾，从自行车上弹了出去，摔倒在地。

12
千米

此时的迈克筋疲力尽，汗流浃背，浑身都湿透了，就连膝盖也受伤了。他不想继续比赛了。

“他们说得对，”迈克想，“我不可能骑完全程。”

就在这时，迈克听到远处传来了一阵叫声，那声音听起来像是狗叫。

是宾果！

宾果快速奔入迈克的怀抱，对着他一顿狂舔。迈克大笑起来。

“宾果，你是来找我的吗？”他问道，“我想我还是得完成比赛才行！”

迈克又骑上他的自行车。

4
千米
2.0
6
千米
2.0
8
千米
11
千米
3.0

贾斯廷和玛丽萨已经骑过终点线了。“迈克哪儿去了？”玛丽萨问道，“他应该在这里等我们的。”

“还有宾果呢？”贾斯廷也一脸疑惑。

接着，他们听到那个举着扩音器的男人大声宣布：“各位，请为我们的最后一位骑手欢呼吧！他刚刚绕过环形赛道的拐弯处朝这里骑来！”

贾斯廷和玛丽萨兴奋地跑到终点附近，正好看到宾果喘着气冲过终点线。在它旁边的，就是迈克。

“干得好啊，小弟！”贾斯廷大声喊道。

迈克刹住车，从车上跳下来。

“我早就说过，”他骄傲地说，“我一定能骑完全程！”

写给家长和孩子

《自行车环行赛》所涉及的数学概念是周长，或者说是绕某个图形一周的长度。周长是一个可以帮助孩子了解形状的特点和距离的几何概念。

对于《自行车环行赛》所呈现的数学概念，如果你们想从中获得更多乐趣，有以下几条建议：

1. 在阅读本书前，先跟孩子讨论一下1千米有多长，10千米又有多长。

2. 与孩子一起阅读故事。在阅读的过程中，可以让孩子用手指沿着书中的运动场、动物园和环形赛道的周围移动。让孩子将图形每条边的长度相加，来算出周长。

3. 找一把尺子，和孩子一起量一量家中物品的周长，例如相框、桌面或电视屏幕。绘制出每个物体的平面图，并在图上记录下每条边的长度，然后算出周长。

4. 准备6张正方形纸片或6块正方形瓷砖，将它们拼在一起，使得每个正方形至少有一条边跟另一个正方形的边挨在一起。数一数这些正方形共有多少条边没有与其他正方形的边相接，计算出你拼出的图形的周长。试试用这6个正方形拼出更多图形，并计算出它们的周长。

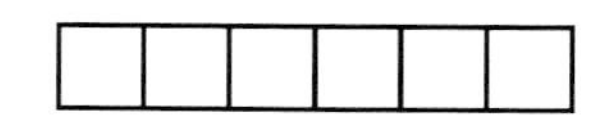

周长=14条边的总和

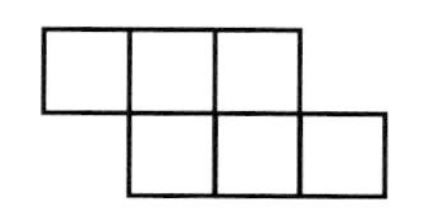

周长=12条边的总和

如果你想将本书中的数学概念扩展到孩子的日常生活中，可以参考以下这些游戏活动：

1. 制作相框：找一张孩子最喜欢的照片，测量出它的周长。用硬卡纸为这张照片做一个相框，然后测量出相框的周长。

2. 亲子骑行：绕着你们喜欢的某个地方，和孩子来一次自行车之旅，注意路线的终点要跟起点重合。画一张路线图，标出每段路程的长度（以千米为单位），最后计算出全程的距离。祝你们旅途愉快！

3. 访问网站：访问一个动物园或游乐园的网站，找到网站提供的地图，和孩子一起根据地图计算出园区的周长。

洛克数学启蒙

书名	主题
《虫虫大游行》	比较
《超人麦迪》	比较轻重
《一双袜子》	配对
《马戏团里的形状》	认识形状
《虫虫爱跳舞》	方位
《宇宙无敌舰长》	立体图形
《手套不见了》	奇数和偶数
《跳跃的蜥蜴》	按群计数
《车上的动物们》	加法
《怪兽音乐椅》	减法

书名	主题
《小小消防员》	分类
《1、2、3，茄子》	数字排序
《酷炫100天》	认识1~100
《嘀嘀，小汽车来了》	认识规律
《最棒的假期》	收集数据
《时间到了》	认识时间
《大了还是小了》	数字比较
《会数数的奥马利》	计数
《全部加一倍》	倍数
《狂欢购物节》	巧算加法

书名	主题
《人人都有蓝莓派》	加法进位
《鲨鱼游泳训练营》	两位数减法
《跳跳猴的游行》	按群计数
《袋鼠专属任务》	乘法算式
《给我分一半》	认识对半平分
《开心嘉年华》	除法
《地球日，万岁》	位值
《起床出发了》	认识时间线
《打喷嚏的马》	预测
《谁猜得对》	估算

书名	主题
《我的比较好》	面积
《小胡椒大事记》	认识日历
《柠檬汁特卖》	条形统计图
《圣代冰激凌》	排列组合
《波莉的笔友》	公制单位
《自行车环行赛》	周长
《也许是开心果》	概率
《比零还少》	负数
《灰熊日报》	百分比
《比赛时间到》	时间